科学探秘
培养儿童科学基础素养

U0159351

了解物质性质
嘟嘟创造的世界

温会会 / 文　曾平 / 绘

浙江摄影出版社
全国百佳图书出版单位

在遥远的仙境，有一个名叫嘟嘟的小精灵。

有一天，嘟嘟展开轻盈的翅膀，出门去旅行。

"我要去寻找最适合生活的世界！"嘟嘟说。

嘟嘟飞呀飞，来到了"木头国"。
这里，到处是各种各样的木头，充满了木头的清香！
嘟嘟仿佛来到了幽静的森林，尽情地玩耍。

嘟嘟发现，木材美观又实用，但是吸水后体积会膨胀，失水后体积会收缩。

玩累了，嘟嘟打算洗个澡。

谁知，木头做的花洒，已经腐烂了！

嘟嘟摇摇头说："不行，我得去寻找一个不腐烂的世界。"

　　离开了木头国，嘟嘟来到了"玻璃国"。

　　这里，到处是透明的玻璃，在阳光下闪闪发光！

　　嘟嘟发现玻璃不仅不会腐烂、稳定性强，还容易清洗，高兴得又蹦又跳。

嘟嘟拿起玻璃球，在手上抛来抛去。

谁知，玻璃球掉到地上，摔成了碎片，差点扎伤了嘟嘟。

嘟嘟摇摇头说："不行，我得去寻找一个安全的世界。"

小朋友在使用玻璃制品时，
一定要注意安全哦！

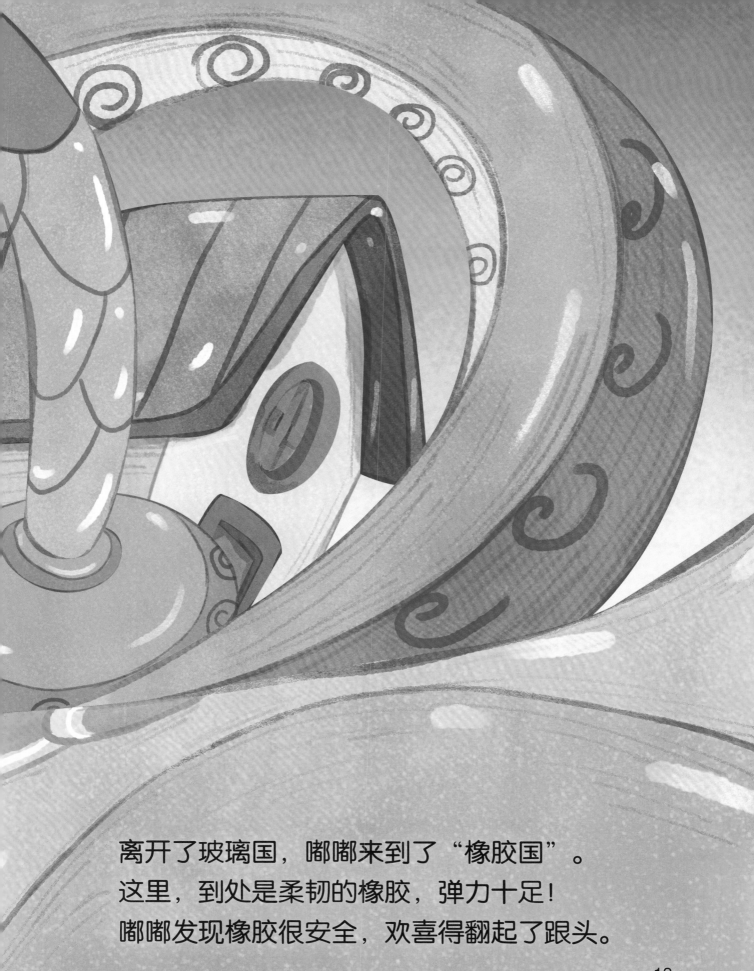

离开了玻璃国，嘟嘟来到了"橡胶国"。
这里，到处是柔韧的橡胶，弹力十足！
嘟嘟发现橡胶很安全，欢喜得翻起了跟头。

嘟嘟来到游乐场，坐上了碰碰车。

谁知，碰碰车开久了，轮胎磨掉了一大块，开起来颠得难受。

嘟嘟摇摇头说："不行，我得去寻找一个坚硬的世界。"

离开了橡胶国，嘟嘟来到了"塑料国"。
这里，到处是轻便的塑料，充满了多样的色彩！
嘟嘟发现塑料很坚硬，兴奋得转起了圈圈。

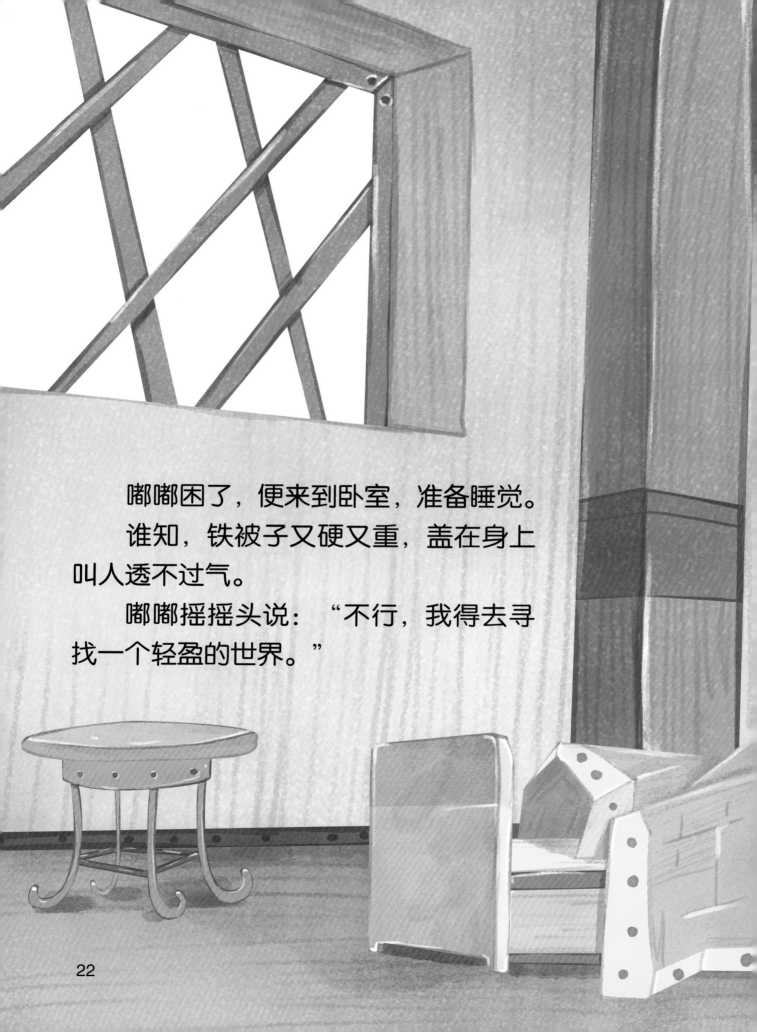

嘟嘟困了，便来到卧室，准备睡觉。

谁知，铁被子又硬又重，盖在身上叫人透不过气。

嘟嘟摇摇头说："不行，我得去寻找一个轻盈的世界。"

"最适合生活的世界，到底在哪里呢？"
嘟嘟挠挠头，想出了一个好主意！
她念起了咒语，用魔法创造出一个崭新的世界。

25

　　看！在嘟嘟创造的世界里，根据物质不同的特性，
木头、玻璃、橡胶、塑料、铁被制造成了不同的用品。
　　"这才是最适合生活的世界！"嘟嘟满意地说。

责任编辑　瞿昌林
责任校对　段凤娇
责任印制　汪立峰

项目设计　北视国

图书在版编目（CIP）数据

了解物质性质：嘟嘟创造的世界 / 温会会文；曾
平绘 . -- 杭州：浙江摄影出版社，2022.8
（科学探秘·培养儿童科学基础素养）
ISBN 978-7-5514-3965-7

Ⅰ．①了… Ⅱ．①温… ②曾… Ⅲ．①物质—儿童读
物 Ⅳ．① O4-49

中国版本图书馆 CIP 数据核字（2022）第 093433 号

LIAOJIE WUZHI XINGZHI：DUDU CHUANGZAO DE SHIJIE

了解物质性质：嘟嘟创造的世界
（科学探秘·培养儿童科学基础素养）

温会会 / 文　曾平 / 绘

全国百佳图书出版单位
浙江摄影出版社出版发行
　　　　地址：杭州市体育场路 347 号
　　　　邮编：310006
　　　　电话：0571-85151082
　　　　网址：www.photo.zjcb.com
制版：北京北视国文化传媒有限公司
印刷：唐山富达印务有限公司
开本：889mm×1194mm　1/16
印张：2
2022 年 8 月第 1 版　　2022 年 8 月第 1 次印刷
ISBN 978-7-5514-3965-7
定价：39.80 元